BEI GRIN MACHT SICH IHR WISSEN BEZAHLT

AF166885

- Wir veröffentlichen Ihre Hausarbeit,
  Bachelor- und Masterarbeit

- Ihr eigenes eBook und Buch -
  weltweit in allen wichtigen Shops

- Verdienen Sie an jedem Verkauf

Jetzt bei www.GRIN.com hochladen und kostenlos publizieren

Stefanie Rahder

Arithmetik, Funktionen und ihre Didaktik II. Zusammenfassung der Vorlesung

GRIN Verlag

Bibliografische Information der Deutschen Nationalbibliothek:

Die Deutsche Bibliothek verzeichnet diese Publikation in der Deutschen National-
bibliografie; detaillierte bibliografische Daten sind im Internet über http://dnb.d-
nb.de/ abrufbar.

Dieses Werk sowie alle darin enthaltenen einzelnen Beiträge und Abbildungen
sind urheberrechtlich geschützt. Jede Verwertung, die nicht ausdrücklich vom
Urheberrechtsschutz zugelassen ist, bedarf der vorherigen Zustimmung des Verla-
ges. Das gilt insbesondere für Vervielfältigungen, Bearbeitungen, Übersetzungen,
Mikroverfilmungen, Auswertungen durch Datenbanken und für die Einspeicherung
und Verarbeitung in elektronische Systeme. Alle Rechte, auch die des auszugsweisen
Nachdrucks, der fotomechanischen Wiedergabe (einschließlich Mikrokopie) sowie
der Auswertung durch Datenbanken oder ähnliche Einrichtungen, vorbehalten.

Impressum:

Copyright © 2014 GRIN Verlag GmbH
Druck und Bindung: Books on Demand GmbH, Norderstedt Germany
ISBN: 978-3-656-73812-1

Dieses Buch bei GRIN:

http://www.grin.com/de/e-book/279957/arithmetik-funktionen-und-ihre-didaktik-
ii-zusammenfassung-der-vorlesung

GRIN - Your knowledge has value

Der GRIN Verlag publiziert seit 1998 wissenschaftliche Arbeiten von Studenten, Hochschullehrern und anderen Akademikern als eBook und gedrucktes Buch. Die Verlagswebsite www.grin.com ist die ideale Plattform zur Veröffentlichung von Hausarbeiten, Abschlussarbeiten, wissenschaftlichen Aufsätzen, Dissertationen und Fachbüchern.

Besuchen Sie uns im Internet:

http://www.grin.com/

http://www.facebook.com/grincom

http://www.twitter.com/grin_com

11.1 – Mathematik im Vorschulalter

Ich kann kurz darstellen, was man über die Mengenwahrnehmung von Säuglingen weiß und wie man diese Erkenntnisse gewonnen hat	Mengenwahrnehmung bei Säuglingen möglich; erprobt an Versuch mit Puppe und Vorhang: Puppe verschwindet hinter Vorhang, weitere Puppe kommt hinzu. Vorhang wird angehoben, bei erwarteter Anzahl kein Erstaunen, bei unerwarteter Anzahl Erstaunen und längeres Hinsehen; gilt auch bei Wegnahme von Puppen
Ich kann erläutern, inwiefern Kinder in ihrem Alltag schon vor der Schule Erfahrungen mit Zahlen, Raum und Form, Größen sowie Daten und Zufall machen.	Hausnummern, Telefonnummern, Schritte der Spielpuppe bei Brettspielen, Körper erkennen, einfache Wege beschreiben, Alter kennen, Münzen und Scheine kennen, nach Länge ordnen, Würfelergebnisse
Ich kann erläutern, inwiefern manche vermeintlichen Lernhilfen eher zur Lernhürde werden können.	Überfrachtung von irrelevanten Inhalten lenken von der Mathematik ab; Kindgemäßheit nicht mit Über-Didaktisierung gleichsetzen; Fehler des Materials als Fehler des Kindes auslegen;
Ich kann erläutern, wie eine angemessene Frühförderung aussehen sollte und Beispiele für geeignete Situationen im Alltag nennen.	anregen, sich mit mathematischen Inhalten auseinanderzusetzen; keine "Verpackung" von Mathematik; spielerischer Umgang; aktive Auseinandersetzung, handlungsorientiert; Spiele: z.B. Räumer und Goldschatz, Rot gegen Blau, Tangram
Ich kann erläutern, nach welchen Grundsätzen das Kleine Zahlenbuch mathematische Frühförderung organisiert und hierzu exemplarische Aktivitäten oder Spiele beschreiben.	Gesamtkonzept vom KiGa bis zum Abitur; zwanglos aber nicht konzeptlos; keine künstliche Verpackung; Förderung von Motorik (Plättchen legen), Wahrnehmung (Spielfelder) und Gedächtnis; spielerische Begegnung mit Zahlen (Voll besetzt) und Formen (Spiegel-Tangram); Schulung strukturierte Zahlerfassung (Abräumen)
Ich kann begründet erläutern, ob ich ein gegebenes Frühfördermaterial für angemessen halte.	keine Verpackung, wirkliche mathematische Inhalte; spielerische Auseinandersetzung; Untersuchung auf die geförderten Kompetenzen (fördert das Material z.B. auch Motorik, Sprache etc.)

11.2 – Mathematiklernen am Schulanfang

Ich kann an Beispielen erläutern, wieso Schulanfänger keine Lernanfänger sind.	Stunde 0 fiktiv, heterogene Vorerfahrungen Zahlwortreihe bis fünf ohne Mengenvorstellung (auswendig wie Gedicht) vs. Zählen in Fünferschritten, mit Mengenvorstellung bis 30
Ich kann erläutern, was mit Heterogenität des Vorwissens gemeint ist	vielfältiges Vorwissen: Zählfähigkeiten, Mengenerfassung, Rechenkompetenzen
Ich kann erläutern, wie man die geometrischen Kompetenzen von Schulanfängern erheben kann.	Formen ausmalen lassen (Quadrate, Dreiecke etc.), Größen/Mengenvergleich (längeren Bleistift anmalen, in welcher Flasche ist mehr?), Würfel pro Würfelgebäude angeben, Orientierung Straßenverkehr (Welch es Auto biegt nach recht ab?)
Ich kann erläutern, inwiefern und wann eine frühe Diagnose sinnvoll ist.	Kinder da abholen, wo sie stehen, unterschiedliche Bedürfnisse; wichtig für die Unterrichtsplanung und das Vorgehen der Vermittlung
Ich kann erläutern, was eine mündl. bzw. eine schriftl. Standortbestimmung ist, worin	mündlich: individuell, aber zeitaufwändig, alleine beinahe unmöglich durchzuführen schriftlich: mehr Daten, aber wenig individuell, Fragen verstan-

sich die beiden Formen unterscheiden und welche Vor- und Nachteile sie aufweisen.	den? Lesefähigkeit bereits vorhanden?
Ich kann erläutern, was eine formelle bzw. eine informelle Aufgabe ist, zu beiden Typen Beispiele nennen und erläutern, wieso man solche Aufgaben einsetzt.	informell: mit Handlungsanweisung; kann zählend gerechnet werden formell: Abstraktion notwendig, kann aber auch bereits von einigen Schülern gerechnet werden. BEIDES einsetzen, um der Heterogenität gerecht zu werden Formell entsteht aus informell Beispiel informell: Susi hat 5 Bonbons und verschenkt zwei. Wie viele hat sie jetzt noch? Beispiel formell: Bello wurden 3 Knochen geklaut. Jetzt hat er nur noch 4. Wie viele hatte er vorher?
Ich kann die sechs Typen von Schachtelaufgaben beschreiben und erläutern, wie und warum sie eingesetzt werden.	$A+x=c$ $a+b=x$ $x+b=c$ $a-x=c$ $a-b=x$ $x-b=c$ Feststellung der Rechenfähigkeiten, Diagnose
Ich kann begründet erläutern, welche der Schachtelaufgaben sich besonders gut zur Feststellung von Rechenfähigkeiten eignen.	Keine sprachlichen Fähigkeiten notwendig Eignung: $a+b=x$, $a-b=x$, $a-x=c$, weil informelle Rechenstrategie anwendbar (abzählend), die anderen liefern Ergebnis!
Ich kann erläutern, welche Typen von offenen Aufgaben es für den Anfangsunterricht gibt, wodurch sie sich auszeichnen und passende Beispiele nennen.	Natürliche Differenzierung: Lösung nach eigenem Leistungsstand Offene Aufgaben: 2 Typen - Mehr als eine plausible Lösung, mehrere Rechenwege möglich - Keine Werte vorgegeben, schätzen oder ermitteln, Experimentier-, Probier-, Schätzaufgaben Bsp Typ 1: Finde drei Zahlen, die gut zusammen passen und schreibe auf, warum. Bsp Typ 2: Ich zähle 22 Beine. Wie viele Hasen und wie viele Hühner sind im Stall?

Kapitel 11.3 Orientierung in neuen Zahlräumen

Ich kann die verschiedenen Zahlaspekte aufzählen, beschreiben und passende (lebensweltliche) Beispiele sowie die Bedeutung der Zahlaspekte im Rahmen der Addition und Subtraktion nennen.	Aspekt	Beschreibung	Bsp	Add	Sub
	Kardinal	Mächtigkeit der Menge, Anzahl der Elemente	3 Äpfel, 9 Zahlen, 10^3 Möglichkeiten	Zusammenlegen	Wegnehmen, Unterschied berechnen, ergänzen
	Ordinal Zählzahl	Folge der nat Zahlen, die durchlaufen wird	Eins, zwei drei, vier Zehn, neun, acht	Weiterzählen	Rückwärts zählen
	Ordinal Ordnungs	Rangplatz in Reihe	Fünfte im Wartezimmer	-	-
	Maßzahl	Maßzahl für Größe	10 Minuten, 3 Euro, 2 Meter	Repräsentanten aneinander legen	Abtrennen Repräsentanten, Unterschied

2

Operator	Vielfachheit der Handlung	Fünfmal schlafen	Vervielfachen	Umkehropera- tor: Wie oft noch?
Rechenzahl algebraisch	Struktur mit bestimmten Eigenschaften	Kommuta- tiv Assoziativ	Schriftliche bzw halbschriftli-	
Rechenzahl algorith- misch	Rechnen als Ziffernmanipula- tion nach festen Regeln	Schriftliche Addition z.B.	che Verfahren	
Kodierung	Bezeichnung Objekt	Telefon- nummer, Hausnum- mer	-	

Ich kann gegebene Beispiele einem Zahlaspekt zuordnen ;)	
Ich kann Beispie- le für typische Zählfehler von Schulanfängern nennen.	Zehnerübergang (einszig, zweizig(20), dreizehn (30)), Stellenwertübergang (99,100,200, 300,...), Schnapszahlen (30,31,32,34)
Ich kann die fünf Zählprinzipien nennen und an- hand von Beispie- len ihre Bedeu- tung erläutern	Eindeutigkeitsprinzip: Eins-zu-eins-Zuordnung Zahl Gegenstand, keins vergessen, keins doppelt, Hilfe: anfassen Kardinalzahlprinzip: zuletzt genutzte Zahl gibt Mächtigkeit der Menge an Prinzip der festen Reihenfolge: Zahlwortreihe fester Ablauf Abstraktionsprinzip: Merkmale der Elemente irrelevant Prinzip der beliebigen Reihenfolge: Zahlwörter nicht Eigenschaft der Zählobjek- te, Reihenfolge, in der die Elemente gezählt werden, irrelevant, Zählergebnis gleich
Ich kann zu je- dem der fünf Zählprinzipien einen Fehler nennen, der ent- stehen könnte, wenn man das entsprechende Zählprinzip nicht beachten würde.	Eindeutigkeitsprinzip: doppelt zählen / berühren, eins vergessen Kardinalzahlprinzip: vorheriges oder folgendes Zahlwort sagen Feste Reihenfolge (Zahlwortreihe): Wortdreher in der Zahlenreihe, Silben der Zahlworte den Objekten zuordnen Abstraktionsprinzip: Zählen Centstücke: 2 Cent als 2 Objekte zählen Beliebige Reihenfolge (Abzählreihenfolge): einmal durchzählen, jedes Objekt mit Zahlwort als Eigenschaft belegen, nochmal anders „zählen" – vorher zugeordne- te Objekteigenschaft benennen, ggf. andere „Objekteigenschaft" zuletzt nennen -> andere Mächtigkeit der Menge
Ich kann erläu- tern, in welchen Darstellungsfor- men und mit welchen Darstel- lungsmitteln mathematische Sachverhalte beschrieben werden können, und dies an Bei- spielen veran- schaulichen	Handlung: an Naturmaterialien (Nüsse, Steine etc.) oder didaktischem Material (Plättchen) Bildliche Darstellungen: lebensweltlich (Kinder kommen auf andere zu) oder mit didaktischem Material (10er-Feld) Symbolische Darstellungen: Umgangssprache (Text) oder formal (7+1=)

Ich kann anhand von Beispielen erläutern, wieso Darstellungsmittel zum einen Lernhilfe und zum anderen auch Lernstoff sind und daraus eine Schlussfolgerung für den Einsatz von Darstellungsmitteln im Unterricht ziehen.	20-erFeld / Rechenschieber: Struktur muss erkannt werden, weggeschobene Kugeln nicht „weg"; Hilfe: bessere Anzahlerfassung durch Struktur 100er-Feld: Wie aufgebaut? Struktur erarbeiten; Hilfe: Orientierung im 100er-Raum Rechenstrich: Einteilung, Umgang damit; Hilfe: Veranschaulichung im selbst gewählten Zahlenraum Schlussfolgerung für den Einsatz von Darstellungsmitteln im Unterricht: Darstellungsmittel sind auch Lernstoff! Müssen eingeführt und Umgang mit ihnen erläutert werden.

Ich kann den Unterschied zwischen strukturierten und unstrukturierten Darstellungsmitteln sowie Mischformen erklären und jeweils Beispiele nennen.

strukturiert	Mischform	Unstrukturiert
Rechenstäbe, Cuisinare-Stäbe	Rechenschiffchen, Rechenrahmen, 20er-Feld, 20er-Kette	Wendeplättchen, Steckwürfel, Naturmaterialien
Zusammenfassung Einzelobjekte zu größeren Einheiten	Handlung als Ganzheit, mit einzelnen Bausteinen operieren	Merkmalsarm

Ich kann Qualitätskriterien für Darstellungsmittel im Anfangsunterricht nennen.	(quasi)simultane Zahlauffassung, Handlung zum Aufbau des Verständnisses mathematischer Operationen (operatives Prinzip), Handlungen in Bilder und Symbole übersetzen, Ablösung vom zählenden Rechnen, heuristische (Problemlöse-) bzw. operative Strategieentwicklung im Zahlenraum bis 20 ermöglichen, Handhabbarkeit, Schülermaterial - Demo-Material, Preis
Ich kann erklären, was mit Kontinuität von Darstellungsmitteln gemeint ist, und dies an Beispielen verdeutlichen.	Vom 20er zum 100er-Feld -> Einführung von Darstellungsmitteln lohnt sich, Übertragung in neue Zahlenräume schafft Sicherheit durch Bekanntes im Unbekannten Beispiel Addition, lineares Fortschreiten: Spiel Räuber und Goldschatz – NIM-Spiel: Spielerischer Einstieg Addition im 20er-Raum mittels 20er-Kette oder 20er-Reihe Addition im 100er-Raum mittels 100er-Reihe oder Rechenstrich , Rechenstrich auch in hohen Zahlräumen verwendbar
Ich kann erläutern, was substantielle Aufgabenstellungen sind, und Beispiele für solche nennen.	Substantielle Aufgabenformate - reichhaltige Aufgabenstellung, die verschiedene mathem. Aktivitäten erlauben (reproduzieren, entdecken, darstellen, argumentieren) - ermöglichen natürliche Differenzierung (individueller Lernzuwachs bei unterschiedlichen Vorkenntnissen und Entwicklungsständen) - orientieren sich an fundamentalen Ideen und fördern kumulatives Lernen (Spiralprinzip) - selbstgesteuertes Lernen ermöglichen und Problemlösekompetenz fördern - fördern ganzheitliches, vernetztes Lernen - unterstützen kooperatives Lernen Beispiele: Minus-Türme, Forscher-Aufgaben zu ANNA-Zahlen oder Zahlenmauern

Ich kann die wesentlichen Aspekte von Piagets Äquilibrationstheorie beschreiben und sie an Beispielen veranschaulichen.	Denken als verinnerlichtes Handeln
	Wissen entwickelt sich in der und durch die Interaktion mit der Umwelt
	Äquilibration: Gleichgewicht Umweltanforderung und kogn. Struktur des Individuums
	Adaption: anpassende Interaktion, umfasst Elemente Assimilation und Akkomodation
	    Assimilation: Anpassung Gegenstand an vorh. kognitive Struktur
	    Akkomodation: Veränderung, Erweiterung der kogn. Struktur auf
	    Umweltanforderung

Ich kann Piagets Stadientheorie in ihren Grundzügen beschreiben und sie an Beispielen veranschaulichen.	Stadientheorie Prä-Operationale Phase: an konkrete Handlung gebunden , aspektzentriert-Plättchen legen und wegnehmen Operationale Phase: von konkreten Handlungen lösen, Handlungen vorstellen – formale Additionsaufgabe lösen Formal-Operationale Phase: ohne konkrete Handlung, Hypothesen bilden, vorausdenken – Funktionszuordnungen analysieren
Ich kann erklären, wieso Denken als verinnerlichtes Handeln beschrieben wird.	Konkrete Handlungen werden zu intellektuellen Operationen, da sich Handlung von konkreten Objekten lösen und durch Vorstellungen ersetzt werden (Verinnerlichung). Handeln bedeutet nicht nur agieren mit Händen, sondern in konkret erfahrbaren Situationen. Verinnerlichung nicht automatisch, sondern durch Nachdenken über (Reflexion von) Handlungen
Ich kann erklären, wieso Aebli Lehren als Anregung zum Ordnen des Tuns beschreibt	Vorbereitete Lernumgebung, die zur Aktivität anregt, aber nicht planlos, sondern geordnet, nicht Aktivität an sich, sondern Einsicht in innewohnende Beziehung erlangen, Verständnis über Nachdenken ermöglichen
Ich kann erklären, wieso Fricke & Besuden Lernen als Knüpfen eines Netzes beschreiben und welche Forderung sich dadurch für den Mathematikunterricht ergibt.	Operative Erfassung nicht am Ende eines Lernvorgangs, sondern Lernprozess besteht in der Ausbildung beweglicher Denkoperationen an Bekanntes ansetzen, weiteres Ausbauen des Wissens Forderung: operative Gesamtbehandlung und operative Variation
Ich kann erklären, was das operative Prinzip aussagt und welche Bedeutung es für den Mathematikunterricht hat.	Wittmann: Erkennen als Untersuchen von Zusammenhängen welche Operationen ausführbar, wie verknüpft? Operatives Prinzip: Objekte erforschen, Konstruktion erfassen, Operationen (Handlungen) ausführen, Verhalten beobachten. Eigenschaften und Beziehungen zwischen Objekten herausfinden, Wirkungen der Veränderungen auf Eigenschaften und Beziehungen beobachten. Bedeutung Matheunterricht: durch handelnde Tätigkeiten Erkenntnisse gewinnen.
Ich kann erklären, was Wittmann unter Objekten, Operationen und Wirkungen versteht.	Objekt: materiell, konkret, aber auch abstrakt, strukturierte Menge oder Kategorie von Struktur, alles, woran man die Eigenschaften erforschen will Operation: Handlung, (systematische) Veränderung Wirkung: Was geschieht mit …, wenn…?

Ich kann begründet Beispiele für Fragestellungen im Sinne des operativen Prinzips (auch für die Grundschule) nennen.	Nim-Spiel: Wie gewinne ich das Spiel? Objekt: Spielsteine, Spielplan Operation: Auslegen der Steine, erreichen von bestimmten Feldern Wirkung: Gewinne ich, wenn ich das Feld (2,3,4,7,...) belegt habe? 100er-Tafel, 2x2-Felder: Objekt: Tafel, Feld, Gesamtsumme Operation: Verschiebung des Feldes Wirkung: Wie ändert sich die Summe, wenn ich das Feld nach links, rechts, oben, unten verschiebe?
Ich kann exemplarisch erläutern, wie eine operative Behandlung des Einspluseins zu realisieren ist.	Entdeckerpäckchen – Entdeckungen machen lassen, Entdeckungen beschreiben lassen
Ich kann erläutern, wie man Kinder bei ihren Beschreibungen und Begründungen der operativen Zusammenhänge unterstützen kann.	Sprachförderung, z.B. Wortspeicher, Lückentext, Textpuzzle, Fehlersuche, Darstellungen zuordnen
Ich kann erläutern, wie man operatives Denken in der Geometrie anregen kann.	Figuren spiegeln – Tangram-Material+Spiegel, Ziel: vorgegebene Figur mit Material erzeugen Fragestellungen zum Würfel: Seitenlänge verdoppeln, was passiert mit Oberfläche? Perspektivwechsel eines Fotografen auf Insel, Würfelgebäude
Ich kann gegebene mathematische Problemstellungen operativ bearbeiten.	Untersuchung auf Objekt, Operation und Wirkung!
Ich kann - unter Rückbezug auf die vorangehend erklärten Theorien - erklären welche Rolle Fehler innerhalb des Lernprozesses spielen.	Aus Fehlern lernen! Fehler als Selbstüberprüfung der durchgeführten Handlung: sind Operationen korrekt durchgeführt? Sind Entdeckungen machbar?
Ich kann erläutern, wie mit Fehlern deshalb im Unterricht umgegangen werden sollte.	Fehlertoleranz und Fehlernutzung! Nachdenken über Fehler, dafür Zeit einräumen Systematik der Fehler analysieren
Ich kann zu einem gegebenen fehlerhaften Schülerdokument beschreiben, wie man darauf im Unterricht reagieren könnte.	Systematik des Fehlers analysieren, was kann der Schüler, was kann er noch nicht? Wo liegt das Problem? Darauf eingehen

Kapitel 13.1 Quadratzahlen und Beweise

Ich kann Quadratzahlen auf verschiedene Weisen anschaulich darstellen (z.b. Punktefelddarstellung, flächige Darstellung oder Malkreuz) und die Zusammenhänge zwischen den einzelnen Darstellungen erläutern.	O...O -> wichtig: kleine Punkte zwischen den großen, um zu zeigen, dass es unendlich weiter geht! Flächige Darstellung: Flächen, Kanten beschriften! Malkreuz: Zusammenhang: aus einzelnen Punkten entsteht flächige Darstellung Malkreuz: algebraische Darstellung der symbolischen Darstellungen, Beschreiben UND Begründen in einem
Ich kann die in der Vorlesung aufgeworfenen Fragestellungen zu den Entdeckungen an der Quadratzahltabelle beantworten (z.b. Eigenschaften der Einerziffer) und jeweils erklären, warum das so ist.	In den Spalten der Quadratzahltabelle stehen immer Zahlen mit der gleichen Einerziffer untereinander Erläuterung: Die Einerziffer ist deshalb gleich, da in jeder Spalte die Zehner werden, die einer aber gleich bleiben. Die Rechnung der Quadratzahl der höheren Zahlen enthält aber die Rechnung der Einerzahl (siehe Malkreuz). Daher ist die Einerziffer in jeder Spalte gleich.
	Abstand zwischen Quadratzahlen immer um 2 mehr (+3, +5, +7, +9) Erklärung $(x+1)^2-x^2 = x^2+2x+1-x^2=2x+1$ X=1, da nur ein schritt gegangen wird zwischen benachbarten Zahlen -> $2x+1=2*1+1=\textbf{2}$
	Unterschied von Reihe zu Reihe monoton ansteigend. Erklärung: Da der Abstand beim Zehner größer wird, ist hier der Anstieg begründet. Der Abstand wird mit jedem Schritt um eins im Zehner, hier also x größer.
	Gerade Basis = gerade Quadratzahl Ungerade Basis = ungerade Quadratzahl Erklärung: Gerade Quadratzahl: $2x*2x= 4x^2= \textbf{2}^2 x^2$ -> **Vielfaches von 2, damit gerade** Ungerade Quadratzahl: $(2x+1)^2=4x^2+4x+\textbf{1}$ -> **immer plus 1, damit ungerade**
Ich kenne verschiedene Möglichkeiten, Quadratzahlen durch Addition anderer Zahlen zu erzeugen, und kann diese durch Terme beschreiben	Summe aufeinander folgender ungerader Zahlen: 1+3+5+7+9+...=Q$_n$ Term: $2*(1+2+3+....+n)$-n=$2\frac{n(n+1)}{2} - n = n(n+1) - n = n^2$ Dreieckszahl eingesetzt! Summe aufeinanderfolgender Dreieckszahlen Q$_n$=D$_n$+D$_{n-1}$:

Malkreuz:

mal	10x	5	
10x	100x²	50x	
5	50x	25	
			100x²+100x+25

Erläuterung:

mal	Zehner=10x	Einer =y	
Zehner=10x	100X²	10xy	
Einer =y	10xy	Y²	
			100x²+20xy+**y²**

Erklärung:

mal	Zehner=10x	Einer =y	
Zehner=10x	100X²	10xy	
Einer =y	10xy	Y²	
			100x²+20xy+y²

sowie beweisen, dass die Terme gelten.	$$\frac{n(n+1)}{2}+\frac{(n-1)(n-1+1)}{2}=\frac{n(n+1)+n(n-1)}{2}$$ $$=\frac{n^2+n+n^2-n}{2}=\frac{2n^2}{2}=n^2$$ Summe auf- und absteigender Zahlen: 1+2+3+2+1 1+2+3= D_3 ; 1+2= D_2=D_{3-1} Term siehe oben!
Ich kenne die in der Vorlesung genannten Sätze zu Quadratzahlen und kann sie jeweils beweisen.	Quadratzahl als Multiplikation: 4*1, 4*4n 4*9 -> 4n² Zusätzlich zu oben: Differenz von Quadratzahlen Für aufeinanderfolgende ungerade: $(x+1)^2$-x^2=2x+1 Für aufeinanderfolgende gerade: $(x+2)^2$-x^2 = x^2+4x+4-x^2=4x+x= 4(x+1) -> nur Vielfache von Vier als Ergebnis!
Ich kann allgemein beschreiben, was ein Direkter Beweis ist und einen solchen bei passenden zu beweisenden mathematischen Aussagen anwenden.	**Satz:** *Die Summe zweier gerader ganzer Zahlen ist gerade* **Beweisform:** direkter Beweis **Beweis** durch Umformung: 2 Zahlen m und n, beide gerade, also Vielfache von 2 -> m+n = 2x + 2y = 2(x+y) Ergebnis durch Zwei teilbar, Aussage stimmt
Ich kann allgemein beschreiben, was ein Widerspruchsbeweis ist und einen solchen bei passenden zu beweisenden mathematischen Aussagen anwenden.	**Satz:** $\sqrt{2}$ ist irrational **Beweisform:** indirekter Beweis (Widerspruchsbeweis) **Annahme:** $\sqrt{2}$ ist rational -> $\sqrt{2}$=p/q, wobei p und q teilerfremd -> 2= p^2/q^2 -> p^2=2q^2 -> p^2 ist gerade, -> p ist gerade und kann durch 2x ersetzt werden -> $(2x)^2$= 2q^2 -> 4x^2=2q^2 -> q^2=2x^2 -> q ist gerade, ebenso wie p. Dadurch sind sie beide durch 2 teilbar, was zur Folge hat, dass sie nicht teilerfremd sind. Daher ist die Behauptung falsch und der Satz bewiesen.
Ich kann allgemein beschreiben, wie ein Beweis mittels vollständiger Induktion funktioniert und dabei insbesondere die drei Beweisschritte (Induktionsanfang, Induktionsschritt und Induktionsbeweis) erläutern.	**Satz:** **Beweisform:** vollständige Induktion **Induktionsanfang:** (n=1) in Satz einsetzen **Induktionsschritt:** setzt sich zusammen aus **Induktionsvoraussetzung:** (Satz wiederholen) **Induktionsbehauptung:** (Satz für Nachfolger n+1 aufstellen) **Induktionsbeweis:** Umformen und versuchen, Induktionsvoraussetzung wiederzufinden
Ich kann das Beweisverfahren der Vollständigen Induktion bei passenden zu beweisenden mathematischen Aussagen anwenden.	**Satz:** n^3-6n^2+14n ist durch 3 teilbar **Beweisform:** vollständige Induktion **Induktionsanfang:** n=1 einsetzen 1^3-6*1^2+14*1=1-6+14=-5+14=9 -> ist durch 3 teilbar, gilt also **Induktionsschritt:** **Induktionsvoraussetzung:** n^3-6n^2+14=3x **Induktionsbehauptung:** Da er für n=1 gilt, gilt der Satz auch für den **Nachfolger**

	Induktionsbeweis -> $(n+1)^3 - 6(n+1)^2 + 14(n+1) = 3y$ -> $n^3 + 3n^2 + 3n + 1 - 6n^2 - 12n - 6 + 14n + 14 = 3y$ -> $n^3 - 6n^2 + 14n + 3n^2 + 3n + 15 - 12n = 3y$ -> $3x + 3n^2 - 9n + 15 = 3y$ -> $3(x + n^2 - 3n + 5) = 3y$ Auch der Nachfolger ist ein Vielfaches von 3 und damit durch 3 teilbar, daher gilt der Satz
Ich kann vorliegende Beweise danach beurteilen, ob Sie tatsächlich das beweisen, was sie beweisen wollen.	Kriterien: allgemeingültig, richtig, schlüssig – Verständlichkeit, Korrektheit, Überzeugung

Kapitel 13.2 – figurierte Zahlen

Ich kenne verschiedene Strukturierungsformen für Dreieckszahlen und kann aus ihnen jeweils Terme zu ihrer Beschreibung aufstellen (bspw. Strukturierung in Reihen, rekursive Beziehung zum Vorgänger oder Vorvorgänger).	 $D_n = 1, D_2 = 3, D_3 = 6, D_4 = 10$ $D_n = 1 + 2 + 3 + \dots + n$ $D_4 = D_3 + 4 \qquad D_3 = D_2 + 3$ $D_3 = D_1 + 5 \quad D_4 = D_2 + 7 \quad D_5 = D_3 + 9$ $D_n = D_{n-2} + (2n - 1) \qquad$ Vorvorgänger + Dach
Ich kann eine explizite Formel für die n-te Dreieckszahl angeben, erklären, wie man sie herleitet, und sie beweisen.	$n \qquad \dfrac{n(n+1)}{2}$ Herleitung durch Zusammensetzung 2er Dreieckszahlen zu einem Rechteck, welches halbiert wird
Ich kenne den Satz über die Summe zweier aufeinanderfolgender Dreieckszahlen, kann ihn anschaulich darstellen und formal beweisen.	Die Summe zweier aufeinander folgender Dreieckszahlen ist eine Quadratzahl. Anschaulich: Formal: $Q_n = D_n + D_{n-1}$: $\dfrac{n(n+1)}{2} + \dfrac{(n-1)(n-1+1)}{2}$ $= \dfrac{n(n+1) + n(n-1)}{2}$ $= \dfrac{n^2 + n + n^2 - n}{2} = \dfrac{2n^2}{2} = n^2$

9

Ich kenne den Satz über die Summe zweier gleicher Dreieckszahlen, kann ihn anschaulich darstellen und formal beweisen.	Die Summe zweier gleicher Dreieckszahlen ist eine Rechteckzahl. Anschaulich:  n +1 Formal: $2 \cdot D_n = n \cdot (n+1) = R_n$ n $2 \cdot \frac{n \cdot (n+1)}{2} = n \cdot (n+1)$
Ich kann verschiedene Regelmäßigkeiten, die bei der Betrachtung der Dreieckszahlen deutlich werden, sowohl geometrisch als auch algebraisch begründen (vgl. beispielsweise Übung 6 Aufgabe 2).	Satz: Das Achtfache einer Dreieckszahl plus eins ist das Quadrat einer ungeraden Zahl. Beweisform: Direkter Beweis n 1 n Beweis: $8\,D_n + 1 = Q_{(2n+1)}$ $\rightarrow 8\frac{n(n+1)}{2} + 1 = Q_{(2n+1)}$ $\rightarrow 4\,(n(n+1))+1 = Q_{(2n+1)}$ $\rightarrow 4(n^2+n)+1 = Q_{(2n+1)}$ $\rightarrow 4n^2+4n+1 = Q_{(2n+1)}$ $\rightarrow (2n+1)^2 = Q_{(2n+1)}$
Ich kann sowohl anschaulich darstellen (Punktefeld oder Rechteckmodell), als auch formal beweisen (Vollständige Induktion), wieso die Summe der ersten n ungeraden Zahlen die n-te Quadratzahl ergibt.	**Satz:** $n^2+2n+1=(n+1)^2$ **Beweisform:** vollständige Induktion **Induktionsanfang:** n=1 einsetzen $1^2+2*1+1=(1+1)^2=4$, gilt **Induktionsschritt:** **Induktionsvoraussetzung:** $n^2+2n+1=(n+1)^2$ **Induktionsbehauptung:** Da er für n=1 gilt, gilt der Satz auch für den **Nachfolger** **Induktionsbeweis:** $(n+1)^2+2(n+1)+1 = (n^2+2n+1)+2n+2+1 = n^2+4n+4 = (n+2)^2$
Ich kann mit Hilfe des Rechteckmodells die drei Binomischen Formeln anschaulich beweisen.	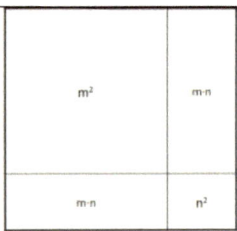 $(m+n)^2 = m^2 + 2 \cdot mn + n^2$ $Q_{m+n} = Q_m + 2 \cdot mn + Q_n$ $Q_{m-n} = Q_m - 2 \cdot mn + Q_n$ 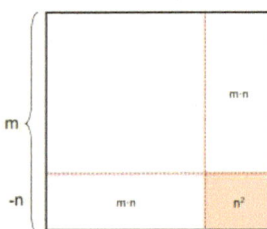 $(m-n)^2 = m^2 - 2 \cdot mn + n^2$ Die Rechtecke m·n werden weggenommen! Dabei wird das Quadrat n² aber doppelt abgezogen und muss einmal wieder hinzuaddiert werden.

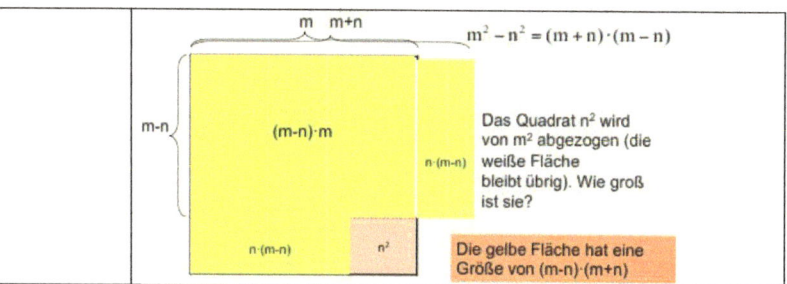

$$m^2 - n^2 = (m+n) \cdot (m-n)$$

Das Quadrat n^2 wird von m^2 abgezogen (die weiße Fläche bleibt übrig). Wie groß ist sie?

Die gelbe Fläche hat eine Größe von $(m-n) \cdot (m+n)$

Ich kann sowohl anschaulich darstellen (Punktefeld oder Rechteckmodell), als auch formal beweisen (Vollständige Induktion), wieso die Summe der ersten n geraden Zahlen die n-te Rechteckzahl ergibt.	**Satz:** Die Summe der ersten n geraden Zahlen ergibt die n-te Rechteckzahl **Beweisform:** vollständige Induktion **Induktionsanfang:** $R_1 = 1 \cdot 2 = 2$; **OK** **Induktionsschritt:** Wenn es für n gilt, dann gilt das auch für n+1. An das alte Rechteck wird ein Gnomon der Größe $2(n+1)$ angefügt. Wenn gilt: $R_n = n \cdot (n+1)$, dann gilt auch $R_{n+1} = (n+1) \cdot (n+2)$ **Beweis** $R_{n+1} = R_n + 2(n+1)$ $= n^2 + n + 2n + 2$ $= n \cdot (n+1) + 2 \cdot (n+1)$ $= (n+1) \cdot (n+2)$ 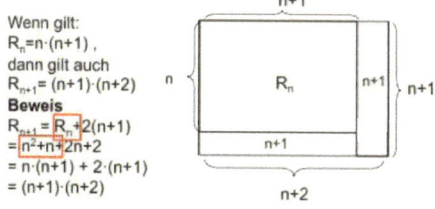 anschaulich: 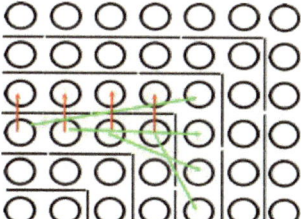
Ich kann Fünfeckzahlen mit Hilfe von Gnomonen darstellen und die Regelmäßigkeit im Zuwachs der Figur aufzeigen (Wo sehe ich, welche Zahlen addiert werden müssen? Rekursive Darstellung).	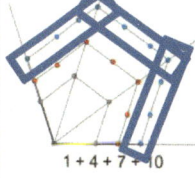 $1 + 4 + 7 + 10$ $P_n = 3 \cdot (1 + 2 + \ldots + n) - 2 \cdot n$ $= 3 \cdot D_n - 2 \cdot n$ $= 3 \cdot \dfrac{n \cdot (n+1)}{2} - 2 \cdot n$ $= \dfrac{3n^2 + 3n - 4n}{2} = \dfrac{3n^2 - n}{2}$

Ich kann bei beliebigen figurierten Zahlen (bspw. Quadratzahlen oder Trapezzahlen) erläutern, wie das jeweilige Gnomon aussieht und erklären, wo man die Regelmäßigkeit im Zuwachs der Figur erkennen kann	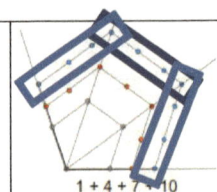 $1 + 4 + 7 + 10$ 
Ich kann mit Hilfe einer geometrischen Herangehensweise eine explizite Formel für die Fünfeckzahlen herleiten und mittels vollständiger Induktion beweisen, dass Sie gilt.	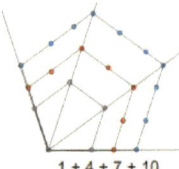 $1 + 4 + 7 + 10$ $$P_n = 3\cdot(1 + 2 + \dots + n) - 2\cdot n$$ $$= 3\cdot D_n - 2\cdot n$$ $$= 3\cdot\frac{n\cdot(n+1)}{2} - 2\cdot n$$ $$= \frac{3n^2 + 3n - 4n}{2} = \frac{3n^2 - n}{2}$$

Satz

Für die Folge $\left(P_n\right)_{n\in\mathbb{N}}$ der Fünfeckzahlen und die Folge $\left(D_n\right)_{n\in\mathbb{N}}$ der Dreieckszahlen gilt der Zusammenhang
$$P_n = 2D_n + D_{n-2} - 1, \quad n \in \mathbb{N}.$$
Dabei muss man hier speziell definieren $D_{-1} = D_0 = 0$.

Beweis durch vollständige Induktion

Induktionsanfang:
$n = 1$: linke S. $F_1 = 1$ rechte Seite: $2\cdot 1 + 0 - 1 = 1$
$n = 2$: linke S. $F_2 = 5$ rechte Seite: $2\cdot 3 + 0 - 1 = 5$
$n = 3$: linke S. $F_3 = 12$ rechte Seite: $2\cdot 6 + 1 - 1 = 12$

Induktionsvoraussetzung: $P_n = 2D_n + D_{n-2} - 1$
Induktionsbehauptung: $P_{n+1} = 2D_{n+1} + D_{n-1} - 1$
Zusätzlich benötigen wir für die Dreieckszahlen die rekursive Definition (siehe 3.1.2): $D_n = D_{n-1} + n$

Induktionsbeweis:

$$P_{n+1} = \underbrace{P_n}_{Ind.Vor.} + 3(n+1) - 2$$

$$= \overbrace{2D_n + D_{n-2} - 1} + 3(n+1) - 2$$

$$= 2D_n + D_{n-2} + 3n$$

$$= [2D_n + 2n + 2] + [D_{n-2} + n - 1] - 1$$

$$= 2(D_n + (n+1)) + D_{n-2} + (n-1) - 1$$

$$= 2 \quad D_{n+1} \quad + \quad D_{n-1} \quad - 1 \quad \square$$

Da wir für die Dreieckszahlen aber eine explizite Formel $D_n = \dfrac{n(n+1)}{2}$ kennen, können wir aus dem gerade bewiesenen Zusammenhang sofort eine explizite Formel für die Fünfeckzahlen hinschreiben.

$$P_n = 2D_n + D_{n-2} - 1$$

$$= 2\frac{n(n+1)}{2} + \frac{(n-2)(n-1)}{2} - 1$$

$$= \frac{1}{2}(2n^2 + 2n + n^2 - 3n + 2 - 2)$$

$$= \frac{1}{2}(3n^2 - n)$$

$$= \frac{n(3n-1)}{2}$$

Ich kann für beliebige figurierte Zahlen sowohl eine rekursive als auch eine explizite Formel herleiten (beispielsweise über eine geometrische Herangehensweise) und mittels vollständiger Induktion beweisen, dass die explizite Formel gilt.	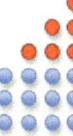	rekursiv: $T_{n+1} = T_n + (n-1) + (2n-1) = T_n + 3n - 2$ explizit: $T_n = Q_n + D_{n-1}$
Ich kann an Beispielen erläutern, wie man figurierte Zahlen in verschiedenen Schulstufen thematisieren kann.		Stufe 7: Stockwerke Türme, Pyramiden, Doppeltreppen: wie viele Quadrate sichtbar, bzw. unsichtbar? Klasse 4: Muster aus Gnomonen

Ich kann erläutern, wieso Dreieckszahlen sich auch als Summen abstandgleicher Zahlen deuten lassen.	Spezialfall arithmetischer Reihe: Dreieckszahl ist Summe er ersten n natürlichen Zahlen -> Abstand der Zahlen ist 1
Ich kann erläutern, wie groß die Anzahl der Plättchen von D_n (n-te Dreickszahl) ist und dies anschaulich begründen.	$\frac{n(n+1)}{2}$ Veranschaulichung (D_8):
Ich kann anschaulich darstellen, wie man die Anzahl der Plättchen von D_{20} (bzw. D_{2n}) aus der Anzahl der Plättchen von D_{10} (bzw. D_n) ermitteln kann	$D_{2n}=D_n+D_n+n*n$
Ich kann anschaulich darstellen, wieso die Summe der ersten n ungeraden Zahlen der n-ten Quadratzahl entspricht	Reihe veranschaulichen (rote Plättchen), Menge verdoppeln und verdreht darauf legen (schwarze Plättchen), halbieren ->Quadrat sichtbar
Ich kann Beispiele für Aufgaben zu Folgen und Reihen nennen, die schon in der Grundschule behandelt werden können und erläutern, wie Kinder diese lösen können.	Zahlengitter: Grundlage arithmetische Reihe! Operatives Prinzip für Entdeckungen nutzen -> Zusammenhang erkennen Lösung erfolgt rechnerisch, Zusammenhänge können entdeckt werden Bei konkreten Beispielen bleiben, noch keine Verallgemeinerung mit Variablen Reihenfolgezahlen mit Ergebnis <x suchen lassen Lösung durch Ausprobieren, suchen, strukturiertes Aufschreiben der Aufgaben nach selbstgewähltem Prinzip

Ich kann eine rekursive und eine explizite Definition für eine arithmetische Folge angeben und diese in meinen eigenen Worten wiedergeben.	**„Explizite" Definition...** **„Rekursive" Definition...** ... einer „arithmetischen" Folge: Eine Folge $x_1, x_2, x_3, \ldots$ von natürlichen Zahlen heißt arithmetische Folge, wenn gilt: es gibt natürliche Zahlen s und a, so dass für alle natürlichen Zahlen n gilt: Es gibt eine natürliche Zahl a, so dass für alle natürlichen Zahlen $n>1$ gilt: $$x_n = s + (n-1) \cdot a \qquad\qquad x_n = x_{n-1} + a \qquad {\scriptstyle 21}$$
Ich kann eine Formel für die Summe der ersten n Glieder einer arithmetischen Folge herleiten und erläutern, wieso diese Formel für die Summe der ersten n Glieder jeder arithmetischen Folge gilt.	$$Z_n = s + (s + 1 \cdot a) + (s + 2 \cdot a) + (s + 3 \cdot a) + \ldots + (s + (n-1) \cdot a)$$ $$= n \cdot s + 1 \cdot a + 2 \cdot a + \ldots + (n-1) \cdot a$$ $$= n \cdot s + (1 + 2 + \ldots + (n-1)) \cdot a$$ $$= n \cdot s + D_{n-1} \cdot a$$ Eine Formel für alle arithmetischen Reihen
Ich kann eine formale Definition für eine arithmetische Reihe angeben und diese in meinen eigenen Worten wiedergeben.	Aufsummierung Glieder arithmetischer Folgen! **Formale Grundlagen** Additionszahl $+$ (a) Summe der Zahlen Start-zahl → s $s+a$ s s s [ ] ← Ergebnis Zielzahl Gegeben sei eine arithmetische Folge Betrachte die Summen der ersten Folgenglieder: $Z_5 = 5 \cdot s + D_4 \cdot a$ Ergebnis Zielzahl= 5mal Startzahl +Additionszahl mal Dreieckszahl 4 (weil 1+2+3+4)
Ich kann arithmetische Reihen (auch mit einem von 1 verschiedenen Anfangswert) anschaulich (mit Plättchen) darstellen.	

| Ich kann erläutern, wieso sowohl die Folge der Dreieckszahlen als auch die Folge der Quadratzahlen eine arithmetische Reihe bilden und jeweils die zugrundeliegende arithmetische Folge sowie ihren Anfangswert und ihre Additionszahl nennen. | Dreieckszahlen:

$$1+2+3+4+ \ldots + n = \frac{n \cdot (n+1)}{2}$$

Quadratzahlen:

$$1+3+5+7+ \ldots +(2n-1) = n^2$$ | **Spezialfall 1:**
Startzahl 1
Additionszahl 1
Anzahl der Felder n
Dreieckszahlen D_n

Spezialfall 2:
Startzahl 1
Additionszahl 2
Anzahl der Felder n

Quadratzahlen Q_n 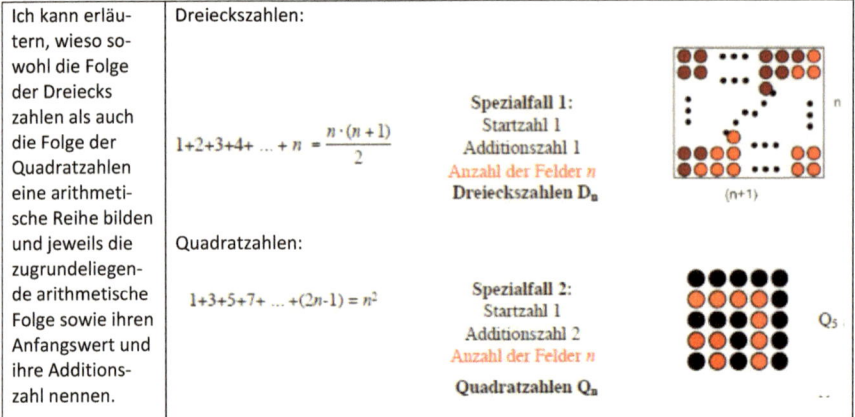 |

Kapitel 13.4 Summenformeln

Ich kann mit Hilfe einer geeigneten Strukturierung eine **Formel** zur Berechnung von Summen aufeinanderfolgender Zahlen ausgehend von einer Startzahl s (s ≠ 1) in Abhängigkeit von der **Startzahl s** und der **Anzahl der Summanden n** herleiten und ihre Richtigkeit an einem Punktebild veranschaulichen	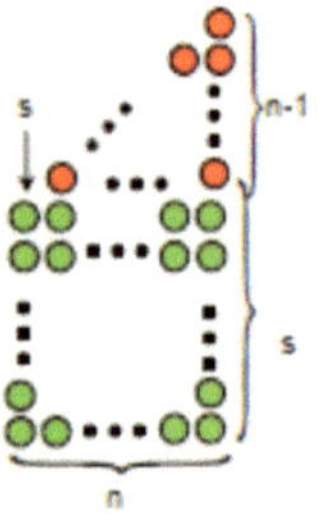 $$\boxed{n \cdot s + D_{n-1}}$$
Ich kann mit Hilfe einer geeigneten Strukturierung eine **Formel** zur Berechnung von Summen aufeinanderfolgender Zahlen ausgehend von einer Startzahl s (s ≠ 1) in Abhängigkeit von der **Startzahl s** und der **Endzahl e** herleiten und ihre Richtigkeit an einem Punktebild veranschaulichen.	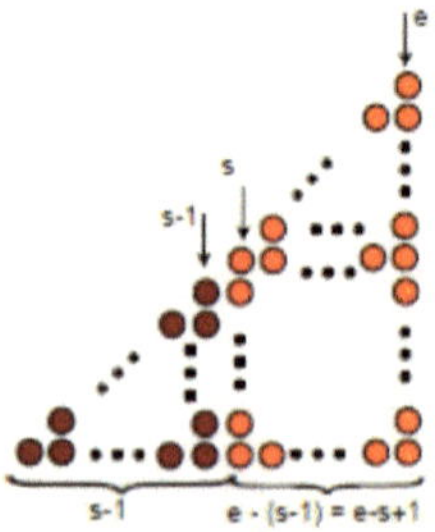 $$\boxed{D_e - D_{s-1}}$$
Ich kann Beispiele für Aufgaben zu Summen aufeinanderfolgender	Reihenfolgezahlen mit Ergebnis <x suchen lassen Lösung durch Ausprobieren, suchen, strukturiertes Aufschreiben der Aufgaben nach selbstgewähltem Prinzip

Zahlen nennen, die schon in der Grundschule behandelt werden können und erläutern, wie Kinder diese bearbeiten könnten.	
Ich kann den Satz von Sylvester in seiner formal formulierten sowie in seiner auf eine figurierte Darstellung bezogenen Fassung wiedergeben.	Eine natürliche Zahl lässt sich auf genau so viele verschiedene Weisen darstellen: 1.) als Summe aufeinander folgender Zahlen, wie sie ungerade Teiler >1 hat 2.) Figuriert:,wie sie sich als Rechteck mit ungerader Kantenlänge darstellen lässt.
Ich kann erklären, wieso die Anzahl der ungeraden Teiler einer Zahl (formal) der Anzahl der Möglichkeiten entspricht, diese Zahl als Rechteck mit ungerader Kantenlänge $\neq 1$, darzustellen (figuriert).	Teiler * Koteiler = Zahl -> Flächige Darstellung der Zahl als Rechteck Jeder Teiler hat einen Koteiler; aus jedem Rechteck eine Treppenzahldarstellung möglich
Ich kann unter Nutzung des Satzes von Sylvester alle Treppendarstellungen einer Zahl finden.	Am Beispiel 105 Primfaktorzerlegung: 105=3*5*7 Tabelle erstellen:

Ungerader Teiler (2n+1)	Koteiler t	n	Kommentar
3	35	1	t>n, Typ
5	21	2	Ungerade,
7	15	3	
15	7	7	t<n, Typ
21	5	10	Gerade
35	3	17	
105	1	52	

Da der Teiler ungerade sein muss, hat er die Form (2n+1), daher kann n aus Spalte 1 berechnet werden

Typ Ungerade: Treppendarstellung mit Mittelzahl, wobei Koteiler die Mittelzahl ist und Teiler 1 die Anzahl der Schritte angibt

Typ Gerade: Treppendarstellung mit Pärchensumme, wobei Teiler 1 die Summe der mittleren Pärchensumme angibt (durch 2 teilen, -0,5 und +0,5 ergeben Pärchensumme) und Koteiler die Anzahl der zu bildenden Pärchen

Ich kann an jeweils einem Beispiel und allgemein zeigen, dass sich eine Summe von aufeinanderfolgenden Zahlen aus **ungerade** bzw. **gerade** vielen Summanden so umlegen lässt, dass ein Rechteck mit einer ungeraden Kantenlänge entsteht.	**1. Fall:** Eine ungerade Anzahl an Summanden $s + (s+1) + ... + (s+n-1) + (s+n) + (s+n+1) + ... + (s+2n)$ $= (2n+1) \cdot (s+n)$ **2. Fall:** Eine gerade Anzahl an Summanden $s + (s+1) + ... + (s+n-2) + (s+n-1) + (s+n) + (s+n+1) + ... + (s+2n-1)$ $= n \cdot (2(s+n)-1)$
Ich kann erklären, wieso jede Summe von aufeinanderfolgenden Zahlen einen ungeraden Teiler besitzt. **(1)**	Fall 1: ungerade Anzahl Summanden sieht man es deutlich an der Formel: (2n+1)*(s+n) Fall 2: gerade Anzahl Summanden: Zerlegung in Rechteck mit ungerader Kantenlänge Kantenlänge =Teiler
Ich kann an jeweils einem Beispiel und allgemein zeigen, dass sich jedes Rechteck mit einer ungeraden Kantenlänge so umlegen lässt, dass eine Summe von aufeinanderfolgenden Zahlen aus **ungerade** (Fall: Schnitt endet links) bzw. **gerade** (Fall: Schnitt endet unten) vielen Summanden entsteht.	Allgemein: 1. Fall: n < t ungerade Anzahl an Summanden: 2n+1 t als Mittelzahl 2. Fall: n ≥ t gerade Anzahl an Summanden: 2t 2n+1 als Summe der 2 Mittelzahlen n und n+1 kleinster Summand kleinster Summand
Ich kann erklären, wieso es zu jedem ungeraden Teiler einer Zahl eine Darstellung der Zahl als Summe aufeinanderfolgender Zahlen gibt. **(2)**	Jeder ungerade Teiler repräsentiert Darstellung eines Rechtecks mit ungerade Kantenlänge und aus jedem Rechteck lässt sich eine Treppenzahldarstellung (=Summe aufeinanderfolgender Zahlen) erstellen.
Ich kann erklären wieso sich aus **(1)** und **(2)** die Richtigkeit des Satzes von Sylvester	1 und 2 zeigen in jeweils entgegengesetzter Richtung die Übereinstimmung der formalen und figurierten Darstellung.

18

ergibt.	
Ich kann mit Hilfe der Vorlesungsunterlagen erläutern, wie man eine Formel für die Summe der ersten n Quadratzahlen herleiten kann (an einem Beispiel und allgemein), indem man die gesuchte Summe dreifach betrachtet und die Punktebilder so umlegt, dass sie ein Rechteck bilden.	Beispiel: Allgemein: 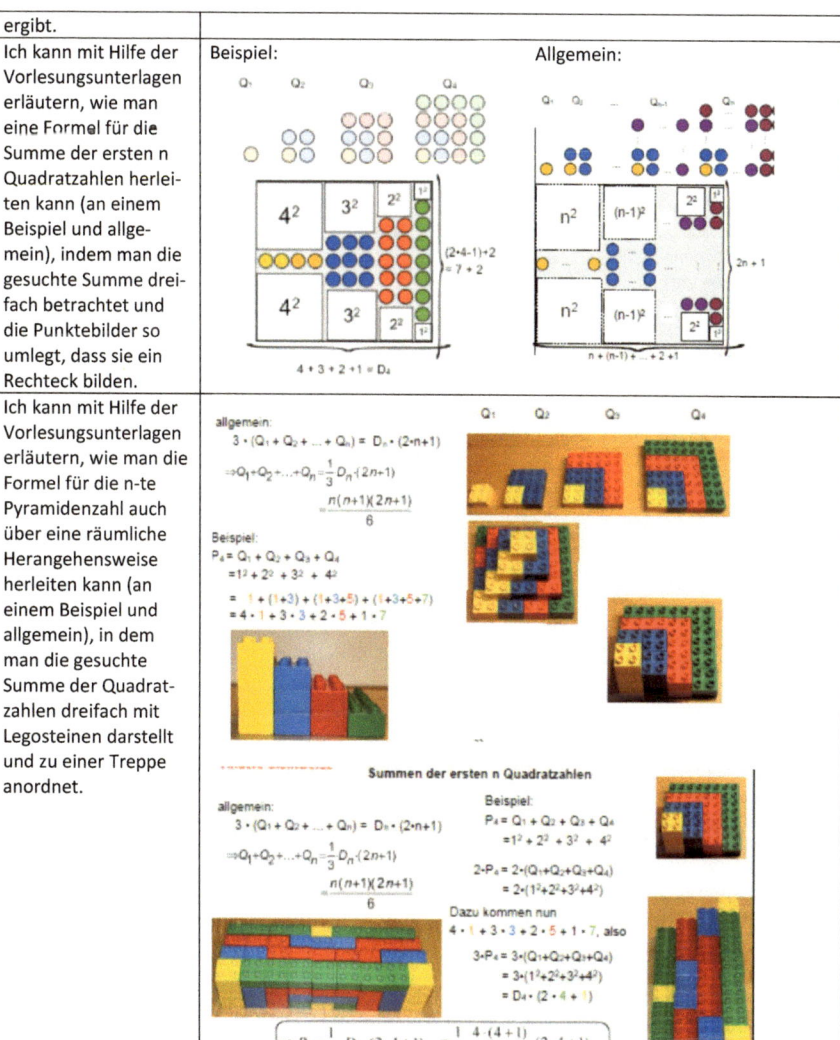
Ich kann mit Hilfe der Vorlesungsunterlagen erläutern, wie man die Formel für die n-te Pyramidenzahl auch über eine räumliche Herangehensweise herleiten kann (an einem Beispiel und allgemein), in dem man die gesuchte Summe der Quadratzahlen dreifach mit Legosteinen darstellt und zu einer Treppe anordnet.	

Ich kann mit Hilfe der Vorlesungsunterlagen erläutern, wie man die Formel für die Summe der n ersten Dreieckszahlen (n-te Tetraederzahl) herleiten kann, indem man die n-te Pyramidenzahl zur gesuchten Summe hinzufügt und die entsprechenden Punktebilder zu einem Rechteck anordnet.	Gesucht: $D_1 + D_2 + D_3 + \dots + D_n$ Ein Beispiel: $\quad D_1 + D_2 + D_3 + D_4$ $= 1 + (1+2) + (1+2+3) + (1+2+3+4)$ $= 4 \cdot 1 + 3 \cdot 2 + 2 \cdot 3 + 1 \cdot 4$ $D_1 + D_2 + D_3 + D_4 + P_4 = D_4 \cdot (4+1)$ $\Rightarrow D_1 + D_2 + D_3 + D_4 = D_4 \cdot (4+1) - P_4$	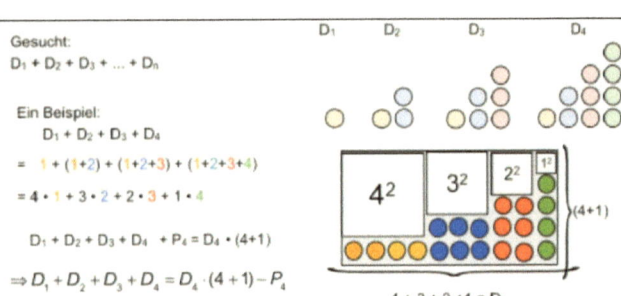 $4 + 3 + 2 + 1 = D_4$
Ich kann mit Hilfe der Vorlesungsunterlagen erläutern, wie man die Formel für die Summe der n ersten Dreieckszahlen (n-te Tetraederzahl) herleiten kann, indem man die gesuchte Summe doppelt betrachtet und jeweils zwei aufeinanderfolgende Dreieckszahlen zu einem Quadrat zusammenlegt.	**Summen der ersten n Dreieckszahlen** Eine ähnliche Sichtweise am Beispiel: $D_1 + D_2 + D_3 + D_4$ Grundlage: Für alle $n \in \mathbb{N}$ ist $D_{n+1} + D_n = Q_n$ mit $n > 2$ Ein Beispiel: $\quad D_1 + D_2 + D_3 + D_4$ $= 1 + (1+2) + (1+2+3) + (1+2+3+4)$ $= 4 \cdot 1 + 3 \cdot 2 + 2 \cdot 3 + 1 \cdot 4 \qquad = (D_1 + D_2) + (D_3 + D_4) = Q_2 + Q_4$ Es fehlen hier $Q_1 + Q_3$	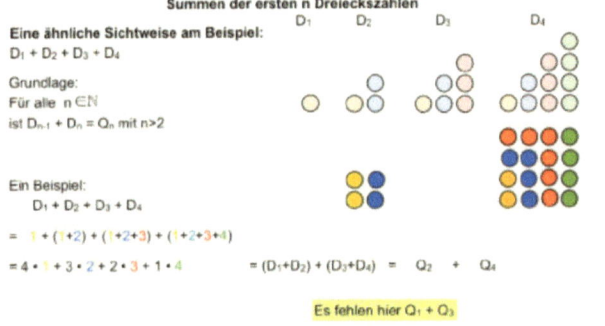
Ich kann mit Hilfe der Vorlesungsunterlagen erläutern, wie man die Formel für die n-te Tetraederzahl über eine räumliche Herangehensweise herleiten kann, in dem man die gesuchte Summe doppelt mit Legosteinen darstellt und so umordnet, dass einmal die n-te Pyramidenzahl und einmal die n-te Dreieckszahl entsteht.	**Summen der ersten n Dreieckszahlen** Eine weitere Sichtweise am Beispiel: $D_1 + D_2 + D_3 + D_4$   Betrachte: $2 \cdot (D_1 + D_2 + D_3 + D_4)$ $= Q_1 + Q_2 + Q_3 + Q_4 + D_4$ $= \frac{1}{3} \cdot D_4 \cdot (2 \cdot 4 + 1) + D_4$ 1·3 grün, 2·2 rot, 3·1 blau dazu; Rest als Treppe	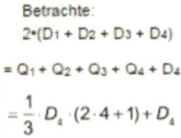 

<table>
<tr>
<td>

Ich kann mit Hilfe der Vorlesungsunterlagen erläutern, wie man die Formel für die n-te Tetraederzahl über eine räumliche Herangehensweise herleiten kann, in dem man die gesuchte Summe sechsfach mit Legosteinen darstellt und so umordnet, dass ein Quader entsteht.

</td>
<td>

Summen der ersten n Dreieckszahlen

Eine Variante zur Formalisierung von:
$D_1 + D_2 + D_3 + \dots + D_n$

Beispiel: $D_1 + D_2 + D_3 + D_4$

 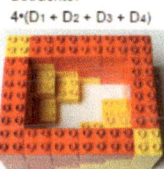 

Betrachte:
$2 \cdot (D_1 + D_2 + D_3 + D_4)$

Betrachte:
$4 \cdot (D_1 + D_2 + D_3 + D_4)$

Betrachte:
$6 \cdot (D_1 + D_2 + D_3 + D_4)$

$6 \cdot (D_1 + D_2 + D_3 + D_4) = 4 \cdot (4+1) \cdot (4+2) \quad \Rightarrow D_1 + D_2 + D_3 + D_4 = \frac{1}{6} \cdot 4 \cdot (4+1) \cdot (4+2)$

allg.: $6 \cdot (D_1 + D_2 + \dots + D_n) = n \cdot (n+1) \cdot (n+2)$

$\Rightarrow D_1 + D_2 + \dots + D_n = \frac{1}{6} \cdot n \cdot (n+1) \cdot (n+2) \quad = \frac{1}{3} \cdot D_n \cdot (n+2)$

</td>
</tr>
</table>

Kapitel 13.5

Ich kann erläutern, welche Anforderungen für den Bereich *Funktionen* im Kernlehrplan für das Ende der Sekundarstufe I formuliert werden.	Grundlegendes Verständnis funktionaler Abhängigkeit besitzen und nutzen zum Erfassen und Beschreiben von Beziehungen und Veränderungen
Ich kann erläutern, wann ein funktionaler Zusammenhang vorliegt, warum Sinn es macht, einen solchen zu bestimmen, und bei gegebenen Zuordnungen oder Abhängigkeiten begründet entscheiden, ob ein solcher vorliegt.	Zwischen zwei Größen X und Y besteht ein funktionaler Zusammenhang, wenn jedem Wert x genau ein Wert y zugeordnet wird. Abhängigkeit von inhaltlichem Interesse, auch wenn sie keine kausale Abhängigkeit darstellt Die Muster eines funktionalen Zusammenhangs zu Identifizieren -> Bedeutung der Abhängigkeit verstehen.
Ich kann Beispiele für Kontexte nennen, in denen Schülerinnen und Schülern ein erstes Erkunden von (nicht zwingend funktionalen) Zusammenhängen zwischen (bspw.) Größen ermöglicht wird.	Feder – Ausdehnung Gewicht, Zusammenhang Sternekategorie-Preis Hotel
Ich kann exemplarische Kontexte nennen, in denen sich ein experimentelles Erkunden funktionaler Zusammenhänge anbietet, und mögliche Tätigkeiten für die Schülerinnen und Schüler nennen.	Physikalische, chemische Experimente: Bewegungsgleichungen aufstellen (v=s/t), Pendel, Federauslenkungen, Stoffkonzentrationen, Druck -> Größen messen, in Beziehung setzen, Tabellen erstellen, Graphen zeichnen, Terme aufstellen Untersuchungsfrage klären, Variablen / Größen definieren, Hypothesen aufstellen, Werte messen und Zuordnung darstellen (Zuordnungsaspekt), Gemeinsame Veränderungen suchen (Kovarianzaspekt), Muster des Zusammenhangs erfassen (Funktion als Ganzes)
Ich kann erläutern, welche Fragen für die Untersuchung von funktionalen Zusammenhängen typisch sind.	Ein Phänomen als funktionalen Zusammenhang modellieren: •Eine Größe als abhängig von einer anderen betrachten –Was hängt von was ab?

	•Zuordnung: –Wie wird die eine Größe der anderen zugeordnet? –Wie ist der Funktionswert zu einem festen x-Wert? –Wie heißt der x-Wert zu einem festen Funktionswert? –Wie könnte der Wert dazwischen lauten? •Gemeinsame Veränderung beider Größen: –Wie verändert sich die eine Größe mit der anderen? –Prognose: Wie werden die Funktionswerte bei einem „späteren" x-Wert ein? •Zusammenhang als Ganzes: –Kann man den Charakter des funktionalen Zusammenhang als ganzes klassifizieren?
Ich kann die vier Darstellungsformen für Funktionen nennen, erläutern, wodurch sie gekennzeichnet sind, und zu jeder ein Beispiel finden.	Verbale Beschreibung: Der Preis der Ware stieg mit der Nachfrage Tabelle (numerisch): | X	2	4	6
---	---	---	---
y	1	2	3	 symbolisch (Term): y= 4x+7 Diagramm oder Graph
Ich kann typische Aufgaben für den Umgang mit Funktionen formulieren, die einen Wechsel zwischen verschiedenen Darstellungsformen erfordern (für den Wechsel von **jeder** der Darstellungsformen zu jeder anderen).	
Ich kann erläutern, was die drei Grundvorstellungen von Funktionen jeweils kennzeichnet und wie die Grundvorstellungen untereinander zusammenhängen.	Zuordnungsvorstellung: Größe als Abhängigkeit einer anderen Größe - Wann wird Ziel Y bei welchem X erreicht sein? Je Person Größe, Je Ort Temperatur; Beschreibung oder Zusammenhänge stiftend Kovariationsvorstellung: gemeinsame Veränderung zweier Größen, spezifische Dynamik der Veränderung: gleiche Zeit, gleiches Wachstum? Je mehr, desto teurer Vorstellung der Funktion als Ganzes: Spezifische Muster, Gesamtphänomen als Abhängigkeitsmuster erfassen, Funktion als eigenständiges Objekt (z.B. Graph oder Term)
Ich kann bei vorliegenden Betrachtungen funktionaler Zusammenhänge bzw. bei gegebenen Aufgaben begründet erläutern, welche Grundvorstellung(en) von Funktionen dort angesprochen wird (werden) und welche Grundvorstellung ggf. im Vordergrund steht.	Zuordnungsvorstellung: Fahrkartenautomat: jeder Tastenkombination eine Aktion zugeordnet Kovarianzvorstellung: Lebensmittelpreis: je höher die Menge, desto höher der Preis insgesamt / Temperatur und Luftdruck in Abhängigkeit der Höhenmeter, Funktion als Ganzes: Ebbe und Flut als graphische Darstellung
Ich kann erläutern, welche Rolle die prozessbezogene Kompetenz des *Modellierens* beim Umgang mit Funktionen spielt.	Modellieren = mathematisch greifbar machen, miteinander in Beziehung setzen -> genau das, was man mit der Zuordnung tut! Ehrlicher Bezug Realität – Mathematik gegeben Vereinfachungen der Realität -> Umsetzung in Funktion (Variablen suchen, Zusammenhänge als Operation)
Ich kann Aufgaben (zu verschiedenen	Bsp Geschwindigkeitskurve Auto

Kontexten) formulieren, die es ermöglichen, einen Eindruck davon zu bekommen, inwiefern eine Schülerin / ein Schüler über eine bestimmte Grundvorstellung verfügt.	Zuordnung abfragen: An welcher Stelle (km) ist der Wagen am schnellsten? Kovarianz abfragen: Welche Strecke fährt der Wagen? (Auswahl aus Beispielen)
Ich kann mögliche Fehlvorstellungen im Bereich Funktionaler Zusammenhang nennen und erläutern.	Bsp Bewegungsgraphen: Linie gibt Laufrichtung an und nicht Zuordnung Strecke/Zeit
Ich kann kurz erläutern, welche Erkenntnisse sich für Deutschland aus der PISA-Studie 2000 bezogen auf den Inhaltsbereich *Funktionen* gewinnen ließen.	Diagnose für Deutschland: zu wenig Kovariationsvorstellung, zu wenig Interpretation des Graphen
Ich kann exemplarische Kontexte nennen, die sich zur Interpretation und zum Erzeugen von Graphen eignen und kurz erläutern, wie ich diese im Unterricht einsetzen würde (welche Aktivitäten sollen die Schüler und Schülerinnen ausüben).	Füllgraphen Wachstumskurve Pflanzen Physikunterricht: Bewegungskurven, Beschleunigung berechnen
Ich kann mit Hilfe von geeigneten Programmen (bspw. Excel) am Computer Graphen zu vorliegenden, berechneten oder experimentell gewonnenen Daten erzeugen. ;)	
Ich kann erläutern, welchen Effekt das Training der Interpretation von Graphen, nach den Ergebnissen von PISA 2003 zu urteilen, hat.	Kompetenzmittelwerte steigen im Vergleich zur vorher ausgewerteten Studie in der Schulstufe Gymnasium

Kapitel 14 Addition und Subtraktion im 20er-Raum

Ich kann die sechs von ihrer Syntax her verschiedenen Grundaufgaben im Bereich der Addition und Subtraktion nennen und beschreiben	a+x=c a-x=c	a +b=x a-b=x	x+b=c x-b=c
	Zugekommenes / weggenommenes unbekannt	Ergebnis unbekannt	Ausgangsmenge unbekannt
Ich kann erläutern, welche verschiedenen Bedeutungszusammenhänge (Semantik) es im Bereich der Addition und Subtraktion gibt und exemplarische Aufgaben zu diesen Bedeutungszusammenhängen nennen.	dazugeben, weggeben, vereinigen, ausgleichen nach oben, ausgleichen nach unten, vergleichen (mehr), vergleichen (weniger)		
Ich kann erläutern, welche drei Möglichkeiten Kinder grundsätzlich haben, die Ergebnisse von Aufgaben im 20er-Raum zu bestimmen.	Zählen, Rechnen, Wissen		
Ich kann erläutern, welche Vorgehensweisen sich bei Kindern, die Aufgaben **zählend** lösen, beobachten lassen und jede dieser Vorgehensweisen an einem Beispiel durchführen.	Vollständig zählen, weiterzählen vom ersten Summanden, Weiterzählen vom größeren Summanden, Weiterzählen vom größeren Summanden in Schritten		

Ich kann erläutern, welche Probleme sich durch verfestigtes zählendes Rechnen ergeben können.	Unklare Rolle des Anfangs- oder Endgliedes, langsames (oder gar kein) Voranschreiten im Zahlenraum, Zusammenhänge werden schwer oder gar nicht entdeckt oder genutzt
Ich kann erläutern, welche Vorgehensweisen sich bei Kindern, die Aufgaben **rechnend** lösen, beobachten lassen und jede dieser Vorgehensweisen an einem Beispiel durchführen und mit Material veranschaulichen (Zwanzigerfeld, Zwanzigerrahmen, Zwanzigerreihe, etc...).	Schrittweise: Ein Summand zerlegen Stellenweise: beide Summanden zerlegen Hilfsaufgabe ableiten Gegensinniges / gleichsinniges Verändern Umstellen (nur Addition!!) Ergänzen (nur Subtraktion!!)
Ich kann insbesondere für das Teilschrittverfahren über den 10er erläutern, welche Anforderungen sich hier für die Kinder ergeben.	• Die Ergänzung zum nächsten Zehner als Strategie erkennen! • Die passende Ergänzung zum nächsten Zehner finden! • Den zweiten Summanden demgemäß richtig zerlegen! • Die Ergänzung ausführen! • Wissen, zu welchem Zehner man dann gelangt! • Den Rest des zweiten Summanden dann richtig behalten! • Den Rest richtig zum neu erzielten Zehner addieren
Ich kann erläutern, welche Rolle das Teilschrittverfahren über den 10er im Unterricht einnehmen sollte und warum man Kinder nicht dazu drängen sollte, es **immer** zu benutzen.	Für größere Zahlräume relevant, im 20er Raum eine unter vielen Zehnerüberschritt vielfältig möglich: Verdopplung, Zerlegung in 5er etc.
Ich kann verschiedene Möglichkeiten, den Zehnerübergang durchzuführen, an geeignetem Material (bspw. dem Zwanzigerfeld) veranschaulichen.	

		unstrukturiert	Strukturiert
Ich kann erläutern, was mit gestütztem und ungestütztem Üben sowie mit strukturiertem und unstrukturiertem Üben gemeint ist, und wo man diese Übungsformate in der Übungsmatrix wiederfindet. Und Ich kann erläutern, wie der Einsatz der verschiedenen Übungsformen zu organisieren ist, d.h. welche zeitliche Abfolge der Übungsformen in der Regel sinnvoll ist.	Gestützt	1	2
		Bearbeitung stützt sich auf bildliche Darstellungen und Handlungen mit Material	
	formal	3	4

	Mündl oder schriftl Bearbeitung auf symbolischer Ebene
Ich kann gegebene Aufgaben begründet in die Übungsmatrix einordnen sowie mir selbstständig Beispiele für die vier verschiedenen Übungsformen überlegen (auch aus der Sekundarstufe I). ;)	
Ich kann erläutern, welche Rolle verbale bzw. nonverbale Darstellungsmittel im Unterricht – insbesondere innerhalb des strukturierten Übens – spielen.	Entdeckungen, Beziehungen und Gesetzmäßigkeiten müssen nach Erkennen beschrieben und begründet werden. -> verbal möglich, aber auch nonverbal Nonverbale Darstellungsmittel als Instrument und als Dokument - mit Farben markieren, mit Pfeilen markieren, mit Plättchen darstellen
Ich kann erläutern, wie man die Kinder dabei unterstützen kann, nonverbale und verbale Darstellungsmittel zu nutzen.	Strukturiertes Üben! Ermöglicht Entdeckungen. Entdeckungen und Zusammenhänge müssen / sollen dargestellt werden
Ich kann exemplarisch aufzeigen, wie die Nutzung von verbalen und nonverbalen Darstellungsmitteln innerhalb einer Unterrichtsreihe thematisiert werden kann.	Themenleine, Wortspeicher, Standortbestimmungen, Reflexion der Übungsreihe
Ich kann verschiedene Beziehungen, die es unter den Aufgaben des Einspluseins gibt (vgl. bspw. Struktur und Aufbau der Einspluseinstafel), nennen und diese Beziehungen mit geeignetem Material veranschaulichen.	Spiegelachsen der Tafel beachten! Verdopplungen rot 10 als Ergebnis blau 5 als Ergebnis hellblau Aufgaben mit 5 gelb Aufgaben mit 0 bzw. 10 (Rand) grün
Ich kann exemplarisch Aufgaben nennen bzw. skizzieren, bei denen das Nutzen von Beziehungen zwischen den Aufgaben des Einspluseins explizit thematisiert und angeregt wird.	Entdeckerpäckchen = gegensinniges Verändern -> Ergebnisse gleich -> Rechenstrategie! Hellgelbe Felder Einspluseins-Tafel = über Nachbaraufgabe erreichbar -> Rechenstrategie Hilfsaufgabe!

Kapitel 14.2

Ich kann die beiden Grundvorstellungen zur Multiplikation und Division benennen und beschreiben sowie jeweils eine exemplarische Fragestellung nennen, die die jeweilige Grundvorstellung anspricht.		Aufteilen	Verteilen
	Anzahl der Teilmengen	Gesucht	Gegeben
	Mächtigkeit der Teilmenge	gegeben	gesucht
	Frage:	Wie viele TM?	Wie viele x pro TM?
Ich kann bei vorliegenden Äußerungen oder Aufgabenbearbeitungen von Kindern begründet entscheiden, auf welche Grundvor-	48 Brötchen in 6 Tüten -> Anzahl Teilmenge gegeben, Mächtigkeit gesucht -> Verteilen! 46 Kinder in der Klasse, 6 an einen Tisch ->Mächtigkeit der Teilmenge gegeben, Anzahl der Teilmenge gesucht -> Auftei-		

stellung das Kind zurückgreift.	len Tipp: VERschiedene Angaben (Brötchen, Tüte) -> VERteilen Gleiche Angabe (Kinder Klasse, Kinder Tisch)-> Aufteilen
Ich kann die möglichen Vorgehensweisen bei der Multiplikation und Division benennen und jeweils an einer Beispielaufgabe selbst nutzen.	Wiederholtes Addieren / Subtrahieren (3x5=5+5+5, 15/5=15-5-5) Nachbaraufgaben / Distributivgesetz: 7x4 = (5+2)x4=5x4+2x4 Umkehraufgabe: 20/4=5, weil 5x4=20 Assoziativgesetz: 6x9=6x3x3 Kommutativgesetz: 2x9=9x2 Systematisches Probieren: 24:3=7, 7+7+7=21, zu klein! Also 24:3=8
Ich kann die beiden grundsätzlich verschiedenen Konzeptionen zur Einführung des 1x1 benennen und in ihren Grundzügen beschreiben.	Kleinschrittig: eine Reihe nach der anderen absichern, mittels Rückgriff die nächste einführen. Reihenfolge: 2,4,8,5,10,3,6,9,7 Beziehungsreich: alle Aufgaben von Anfang an, Aufgabengruppen gesondert behandeln
Ich kann erläutern, welche Gemeinsamkeiten die beiden Konzeptionen haben, aber auch erklären, worin sie sich unterschieden.	Gemeinsamkeit: Wichtigkeit der Kernaufgaben betont (1x,2x,5x,10x) -> Rechenstrategie entwickeln Unterschied: nacheinander vs. Gleichzeitiges Kennenlernen aller Aufgaben
Ich kann erläutern, welche fünf Phasen bei einer beziehungsreichen Behandlung des 1x1 vorkommen sollten und welchen Sinn die einzelnen Phasen haben.	Kennen lernen, materialgestützt üben, 1x1 vernetzen (Zusammenhänge nutzen) entdecken (strukturiert üben), Automatisierung, auswendig lernen
Ich kann zu jeder dieser fünf Phasen erläutern, wie die Umsetzung im Unterricht aussehen könnte d.h. ich kann jeweils exemplarische Tätigkeiten oder mögliche Aufgaben für die Kinder nennen.	Kennenlernen: Kontextaufgaben, aus der Lebenswelt der Kinder, freie Produktion, Mal-Bilder Materialgestützt üben: innere Bilder aufbauen, mental visuell operieren erlernen, z.B. mit Aufgaben am 100er-Feld darstellen, Einmaleins-Plan, Malkreuz kennen lernen, 1x1 vernetzen: Rechenstrategie erwerben, Nachbaraufgaben verwenden zur Herleitung Entdecken: Operatives Üben! Entdeckerpäckchen, Entdeckungen an der 100er-Tafel, Forscheraufträge nach bestimmten Rechenregeln (Zielzahl erreichen) Automatisierung: Spiele: Memory, Domino, Bingo
Ich kann für die Behandlung des 1x1 geeignete visuelle Darstellungsformen nennen und diese skizzieren (flächige und lineare).	Flächig: Aufgabe am 100er-Feld abdecken Linear: Sprünge von Tieren am Zahlenstrahl -> Rechenstrich
Ich kann verschiedene Beziehungen, die es unter den Aufgaben des 1x1 gibt, nennen und diese Beziehungen mit geeignetem Material visuell veranschaulichen.	Beziehung 2er, 4er, 8er Reihe / 3er/6er/9er Reihe z.B. Sprünge Tiere, zeigen am Punktefeld
Ich kann insbesondere die zu entdeckenden Beziehungen auf der 1x1-Tafel beschreiben und begründen, wieso sich diese Besonderheiten ergeben.	Symmetrie, Quadratzahlen (rot) als Spiegelachse ;Grund: Kommutativgesetz Zerlegung einer Aufgabe in der Reihe darunter sichtbar ; Grund: Distributivgesetz

Ich kann exemplarische Aufgaben nennen bzw. skizzieren, bei denen das Nutzen von Beziehungen zwischen den Aufgaben des 1x1 explizit thematisiert und angeregt wird (vgl. die Phasen ‚1x1 vernetzen' und ‚1x1 üben und entdecken').	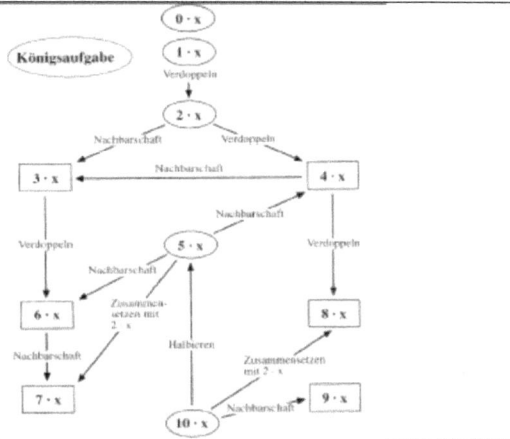
Ich kann erläutern, welche Gründe gegen das frühzeitige Auswendiglernen von 1x1-Aufgaben und für eine beziehungsreiche Behandlung des 1x1 sprechen.	Automatisierung als Fernziel, Erwerb von wichtigen Kompetenzen nicht möglich, wenn Ergebnisse reflexartig aufgesagt werden können. Erkenntnis um Wissen der Vorteilhaftigkeit von Kernaufgaben, Ableitungen nicht mehr möglich, Ableitung aber grundlegende, wichtige Rechenstrategie Verhinderung von Ausbau von Rechenvorlieben und Individualität, beschneidet Freiheit und reduziert Beziehungsreichtum; Zusammenhänge könne n nicht entdeckt werden Verschlechterung der Rechenleistungen, da keine Lösungsstrategien entwickelt werden Problematik der Anwendung beim Sachrechnen, da keine konkreten Vorstellungen ausgebildet sind.

Kapitel 15 – Variablen und Terme

Ich kann die fünf Variablenaspekte nennen, sie allgemein beschreiben und erläutern, in welchem Bezug sie zueinander stehen bzw. wodurch sie sich unterscheiden.	Gegenstandsaspekt 1: Variable als unbekannte Zahl
	Gegenstandsaspekt 2: Variable als unbestimmte (allgemeine) Zahl
	Einsetzungsaspekt: Variable als Platzhalter
	Kalkülaspekt: Variable als Objekt regelhaften Operierens (Rechenaspekt)
	Veränderlichenaspekt: Zusammenhang der Variablen (Wenn sich y verändert, passiert was mit x?)
Ich kann bei gegeben Aufgaben oder Fragestellungen, bei denen Variablen eine Rolle spielen, begründet erläutern, welcher Variablenaspekt im Vordergrund steht. ;)	
Ich kann Beispiele für typische Aufgaben oder Fragestellungen nennen, bei denen jeweils einer der Variablenaspekte im Vordergrund steht.	Gegenstandsaspekt Variable als unbekannte Zahl $\boxed{} \xrightarrow{+62} \boxed{100} \xrightarrow{-62} \boxed{}$ $\downarrow -28 \qquad \downarrow -35 \qquad \downarrow +49$ $\boxed{} \xleftarrow{-55} \boxed{} \xrightarrow{+22} \boxed{}$
	Gegenstandsaspekt Variable als unbestimmte Zahl $\quad a-(b-c)=a-b+c$
	$x + 3 \cdot x + 6 \cdot x + 4 \cdot x = 14 \cdot x$
	Einsetzungsaspekt

Kalkülaspekt	
Veränderlichenaspekt	$$m = \frac{x + y}{2}$$

Ich kann erläutern, wieso alle Variablenaspekte wichtig sind und dies an Beispielen erläutern.	Variablenaspekte verändern Verständnis von Term und Gleichung sowie Denken beim Lösen von Gleichungen
Ich kann eine gegebene Gleichung lösen und erläutern, welche Vorstellungen oder Interpretationen dabei - je nach dem welcher Variablenaspekt betont wird (Gegenstandaspekt, Einsetzungsaspekt bzw. Kalkülaspekt) - mit den einzelnen Rechenschritten verknüpft sind.	Betonung des Gegenstandsaspekts Ich nenne die gesuchte Zahl x, für die muss gelten: $2(x+1) = 8$ Da das Doppelte der Zahl x+1 gleich 8 ist, gilt: $(x+1) = 4$ Die Zahl x um 1 vermehrt ist 4, somit gilt: $x = 3$ Betonung des Einsetzungsaspekts Die gesuchte Zahl muss die folgende Aussageform durch Einsetzung in den Platzhalter in eine wahre Aussage überführen: $2(x+1) = 8$ Diese Aussageform ist äquivalent zur folgenden Aussageform (d.h. hat dieselbe Lösungsmenge): $(x+1) = 4$ Diese Aussageform ist äquivalent zur folgenden: $x = 3$ Die Lösungsmenge dieser Aussageform kann man unmittelbar ablesen: $L = \{3\}$ Betonung des Kalkülaspekts Die gesuchte Zahl x muss der folgenden Gleichung genügen: $2(x+1) = 8$ Ich forme die Gleichung durch Anwendung von Regeln um. 1. Regel: „Auf beiden Seiten durch dasselbe dividieren": $(x+1) = 4$ 2. Regel: „Auf beiden Seiten dasselbe subtrahieren". Ergibt: $x = 3$ Somit ist 3 die gesuchte Zahl.
Ich kann erläutern, welche Schlussfolgerungen aus der Vielseitigkeit von Variablen für den Umgang mit diesen in der Schule gezogen werden sollten.	Variablen sind kein leichter Lernstoff, da durch unterschiedliche Aspekte viele Gesichter, sind aber zentral für Algebra -> inhaltliche Aspekte vorbereiten, bevor Variable als bedeutungsloses Zeichen verkommt, mit dem hantiert wird. Macht des Werkzeugs Variable erkennen
Ich kann erläutern, welche	1.) allgemeine Beschreibung innermathematischer Prozesse und Ge-

Zwecke der Einsatz bzw. die Verwendung von Termen und Gleichungen erfüllen kann und jeweils exemplarische Fragestellungen nennen, bei denen die jeweiligen Zwecke deutlich werden.	setzmäßigkeiten 2.)allgemeine Beschreibung außermathematischer Sachverhalte, Entwurf von Modellen für reale Situationen 3.)formale Exploration ->Erhalt allgmeiner Einsicht In besondere Situation 4.)Planung von abstrakten Problemlösungen, Verallgemeinerung von Problemen und damit allgemeine Lösung 5.) allgemeingültige Argumentation (Begründungen, Beweise) 6.)Übermittlung von Wissen, Kommunikation auf abstrakter, allgemeiner Ebene
Ich kann von Schülern und Schülerinnen aufgestellte Terme auf ihre Richtigkeit hin prüfen und erläutern, wie sie auf den Term gekommen sein könnten. ;)	

Sonstiges / Wiederholung

Halbschriftliche Rechenstrategien: Schrittweise: - 10er als Zwischenergebnis oder stellengerecht, erst 10er, dann 1er Stellenweise: erst 10er, dann 1er oder umgekehrt ->Mischformen Hilfsaufgabe: von Verdopplung, von Kernaufgaben Vereinfachen: gegensinniges Verändern bei Addition (49+ 35 = 50 + 34) gleichsinniges Verändern bei Subtraktion (92-18=90-16) Umstellen: bei Addition, Zusammenfassen mehrerer Summanden bei Addition Ergänzen bei Subtraktion, Umkehraufgabe bei Division
Halbschriftliches bzw. mündliches Rechnen • ist nicht universell, es bietet sich nicht bei jeder Aufgabe an (bei größeren Zahlen schreib- bzw. merkaufwändig), • setzt sich aus nicht algorithmisierten Rechenwegen zusammen und ist somit variabel und flexibel; es ermöglicht das Gehen eigener Wege, • hilft – auf Grund des Umgangs mit Zahlganzheiten – Zahlverständnis und Zahlensinn aufzubauen und erleichtert die Einsicht in den Aufbau unseres Zahlsystems, • ist eine wichtige Vorstufe algebraischen Denkens, • bietet in besonderer Weise die Möglichkeit, inhaltlichs- und prozessbezogene Kompetenzen integriert zu verfolgen, • entspricht – insbesondere in Form des Überschlagsrechnens – dem Alltagsrechnen, • ist immer auch Lernstoff und stellt gewisse Anforderungen an die Schüler, die nicht immer von allen erwartet werden können, • kann auch in mechanisches Rechnen abgleiten (Normalverfahren).
Schriftliches Rechnen ... • ist vergleichsweise effizient, • ist allgemein, indem sie Zahlen in Ziffern zerlegen und somit zahlenunabhängig funktionieren. • ist standardisiert, es wird immer nach der gleichen Reihenfolge vorgegangen, • ist recht unaufwändig, da sie an Rechenanforderungen nur das Einspluseins / Einmaleins voraussetzen, • kann mechanisch ohne Einsicht ins Verfahren ausgeführt werden und somit zur kognitiven Passivität führen,

- besitzt eine lange Tradition,
- weist kaum noch Alltagsrelevanz auf,
- kann Rechenkompetenz einschränken, da das Vertrauen in andere Rechenmethoden erschüttert wird.

Grad der Strukturierung von Übungsaufgaben:
Unstrukturiertes Üben: willkürlich ausgewählte Aufgaben ohne Beziehung zueinander, nur inhaltsbezogene Kompetenzen werden angesprochen (Rechendreiecke innen ausgefüllt)
Strukturiertes Üben: Übungsserie mit ganzheitlichem Strukturzusammenhang, aufeinander bezogen. Inhaltsbezogene UND prozessbezogene Kompetenzen werden angesprochen (Rechendreiecke unterschiedlich ausgefüllt mit Forscherauftrag)

Arithmetische Folge: Differenz zwischen Reihengliedern konstant!

Es gilt: $a_{n+1} - a_n = d$ $(d = \text{Differenz})$

Beispiel: $\langle a_n \rangle = \langle\ 2\ ;\ 6\ ;\ 10\ ;\ 14\ ;\ 18\ \ldots\ \rangle$

$$+4 \quad +4 \quad +4 \quad +4$$

Das n-te Folgeglied einer arithmetischen Folge wird errechnet, indem zum ersten Folgeglied $(n-1)$-mal die Differenz d hinzuaddiert wird.

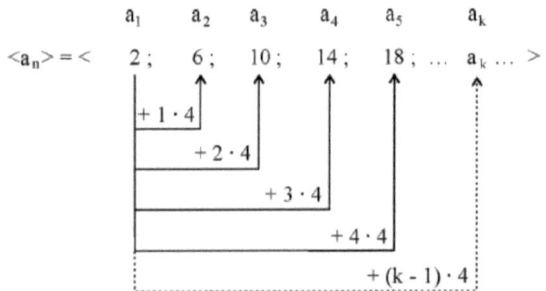

Skizze:

Daraus ergibt sich ein allgemeines Bildungsgesetz für arithmetische Folgen:

$$a_n = a_1 + (n - 1) \cdot d$$